嘘！仅我可见

愚小页　主编

海豚出版社
DOLPHIN BOOKS
中国国际传播集团

图书在版编目（CIP）数据

嘘！仅我可见 / 愚小页主编. -- 北京 : 海豚出版社, 2025. 4. -- ISBN 978-7-5110-7310-5

Ⅰ. B821-49

中国国家版本馆CIP数据核字第2025BF9995号

嘘！仅我可见

XU! JIN WO KE JIAN

愚小页　主编

出 版 人：	王　磊
策　　划：	张瑞琪
责任编辑：	白银辉　梅秋慧
设计制作：	路丽佳
责任印制：	蔡　丽
法律顾问：	北京市君泽君律师事务所　马慧娟　刘爱珍
出　　版：	海豚出版社
地　　址：	北京市西城区百万庄大街24号
邮　　编：	100037
电　　话：	010-68325006（销售）　010-68996147（总编室）
印　　刷：	北京盛通印刷股份有限公司
经　　销：	新华书店及网络书店
开　　本：	710 mm×1000 mm　1/32
印　　张：	14.5
字　　数：	59千
版　　次：	2025年4月第1版　2025年4月第1次印刷
标准书号：	ISBN 978-7-5110-7310-5
定　　价：	88.00元

版权所有，侵权必究

如有印装质量问题，请拨打服务热线：010-62605166

我将卸下所有防备,坦诚地面对真实的自己,书写关于我的真实档案,完成这次探索自我的心灵之旅。

声明人:

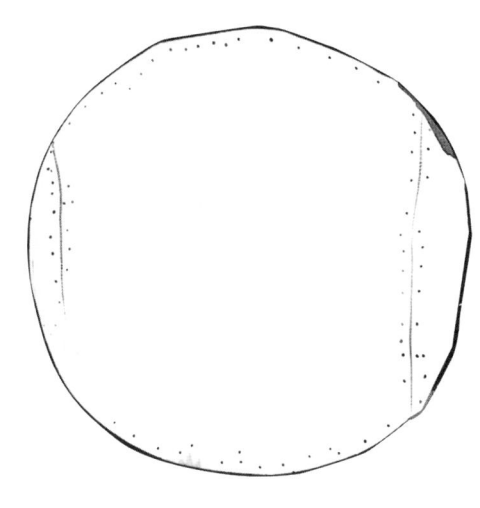

20＿＿年

我的自画像

20__年
年度计划

1
2
3
4
5
6
7
8
9
10
11
12

20__年
年度心愿

20＿＿年

我的自画像

20__年
年度计划

1
2
3
4
5
6
7
8
9
10
11
12

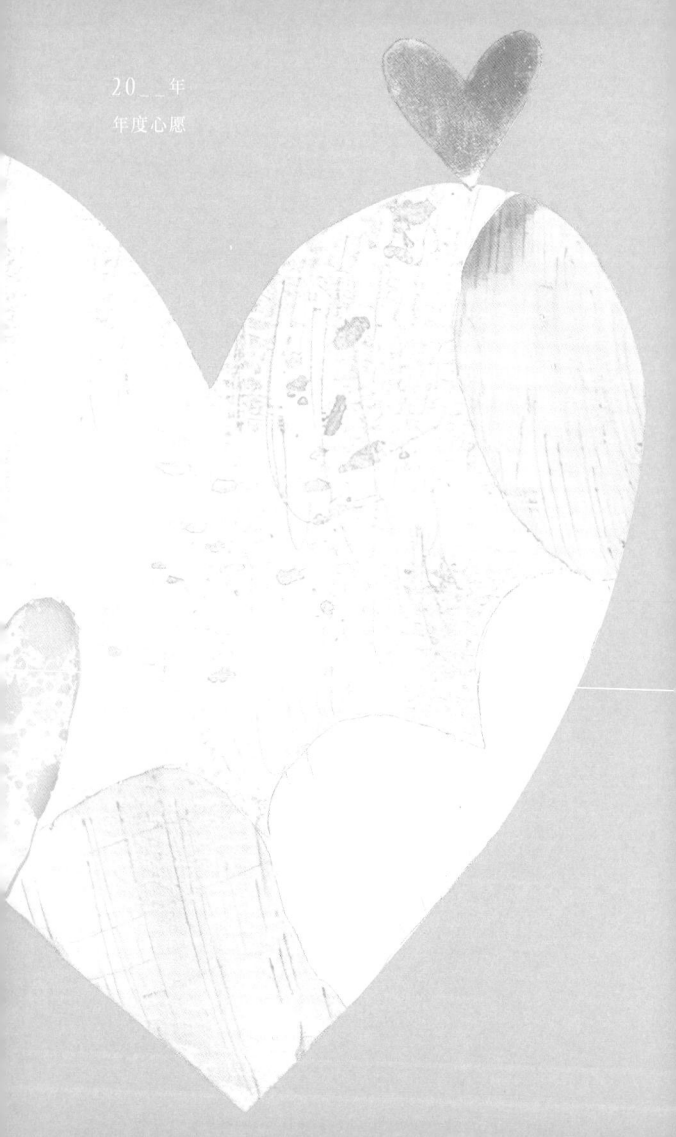

20＿＿年
年度心愿

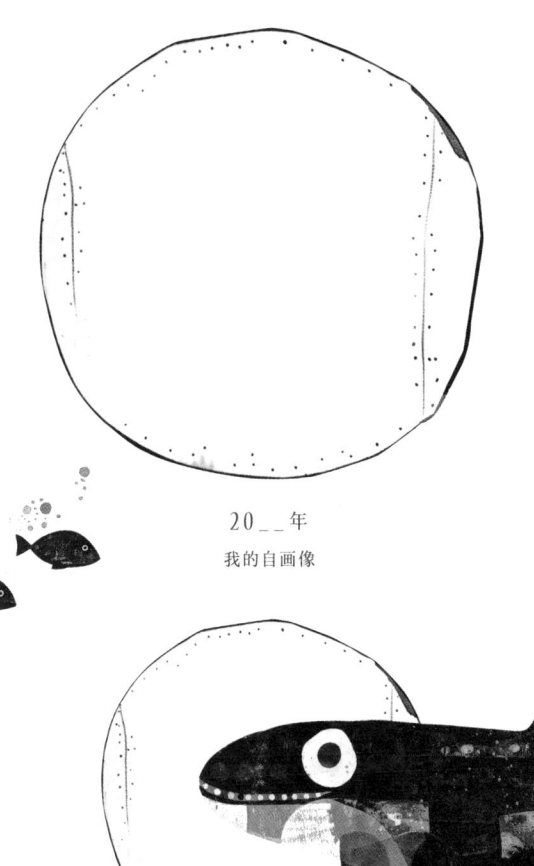

20__年

我的自画像

20__年
年度计划

1
2
3
4
5
6
7
8
9
10
11
12

20＿＿年
年度心愿

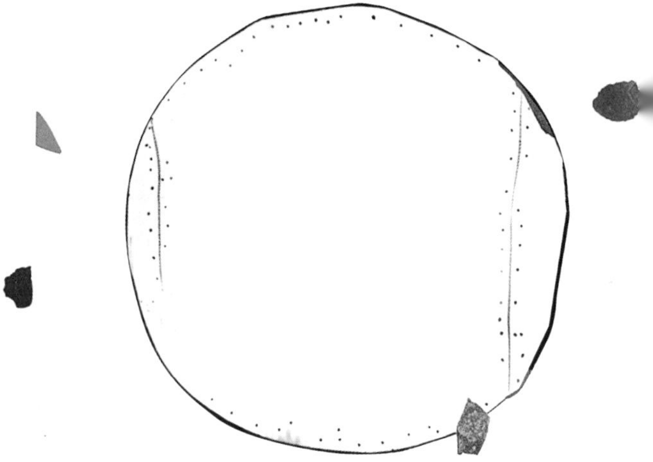

20＿＿年
我的自画像

20＿＿年
年度计划

1
2
3
4
5
6
7
8
9
10
11
12

JAN

对于每个人而言,真正的职责只有一个:

找到自我。

1

你今天的穿搭风格是什么?

20

20

20

20

JAN

2

如果要写一份自夸报告,你会写什么?

20

20

20

20

JAN

3

你最近最害怕失去什么?

20

20

20

20

JAN

4

在过去的一年中,你学到了什么重要的教训?

20

20

20

20

JAN

5

你认为怎样花掉100元最有意义?

20

20

20

20

JAN

6

你最欣赏他人的什么品质?

20

20

20

20

JAN

7

如果将你的一生拍成一部电影,你会为它起个什么名字?

20

20

20

20

JAN

8

如果可以生活在一本书描绘的世界里,你会选择哪本书?

20

20

20

20

JAN

9

你过去一年中有过哪些旅行?

20

20

20

20

JAN

10

写出三个最新网络流行语。

20

20

20

20

JAN

11

你认为最完美的幸福是什么样的?

20

20

20

20

JAN

12

用一种颜色形容你的今天。

20

20

20

20

JAN

13

你最近作息时间规律吗?

20

20

20

20

JAN

14

你觉得自己有洁癖吗?

20

20

20

20

JAN

15

如果可以重启你的生活，你会做哪些不同的选择？

20

20

20

20

JAN

16

你最近买到的最不实用的东西是什么?

20

20

20

20

JAN

17

如果可以,你愿意变成异性生活10天吗?

20

20

20

20

JAN

心有灵犀

18

你认为时间对于人生的影响是什么？

20

20

20

20

JAN

19

你认为爱情中最重要的是什么?

20

20

20

20

JAN

20

写出一句让你心动的表白。

20

20

20

20

JAN

21

最近,你常感到孤单吗?

20

20

20

20

JAN

22

你今天第一次微笑是因为什么?

20

20

20

20

JAN

23

你希望自己能改掉什么习惯?

20

20

20

20

JAN

24

你认为自己和哪种动物最相似?

20

20

20

20

JAN

25

你上一次生病是在什么时候?

20

20

20

20

JAN

心有灵犀

26

你理想中的生活是什么样的?

20

20

20

20

JAN

27

最近你如何缓解压力?

20

20

20

20

JAN

28

你会因为什么而产生嫉妒心?

20

20

20

20

JAN

29

未来一年,你希望自己能做成什么事?

20

20

20

20

JAN

30

你会因为什么而很难拒绝别人?

20

20

20

20

JAN

31

你最近看到了什么八卦新闻?

20

20

20

20

JAN

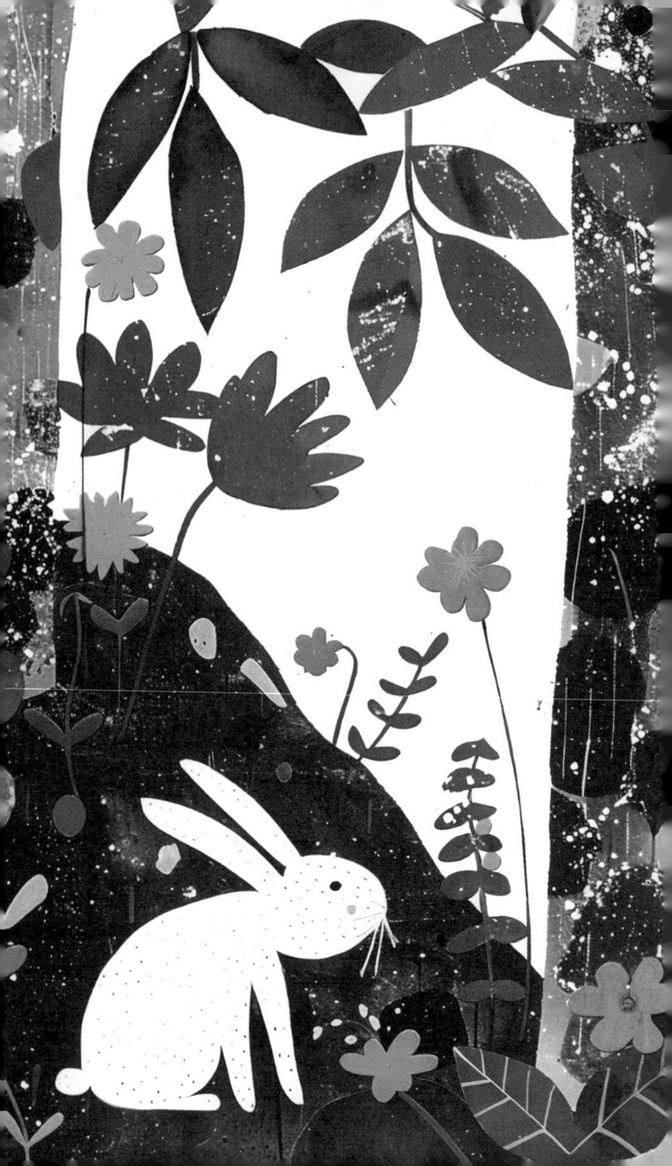

FEB

我们并非年复一年地变老,

而是日复一日地焕然一新。

1

你觉得自己是个自律的人吗?

20

20

20

20

FEB

2

你最近看了什么电影？

20

20

20

20

FEB

3

你最近断舍离过什么东西?

20

20

20

20

FEB

4

你现在的厨艺如何?

20

20

20

20

FEB

5

对你而言，哪些事情开不得玩笑？

20

20

20

20

FEB

6

如果每天多一个小时,你会用它来做什么?

20

20

20

20

FEB

心有灵犀

7

你今天做了什么让自己后悔的事情吗?

20

20

20

20

FEB

8

你曾经将自己的过错推给别人吗?

20

20

20

20

FEB

9

最近对你的生活有重要影响的人是谁?

20

20

20

20

FEB

10

你近期有开心到手舞足蹈的时刻吗?

20

20

20

20

FEB

11

你对过去一年里的自己有什么评价?

20

20

20

20

FEB

12

你为爱情做过什么疯狂的事情吗?

20

20

20

20

FEB

13

你会给比你年纪小的人一些人生建议吗?

20

20

20

20

FEB

14

今天，你和谁在一起？

20

20

20

20

FEB

15

你对什么人或什么事最没有耐心?

20

20

20

20

FEB

心有灵犀

16

健康、家人、事业、爱情,你如何排序?

20

20

20

20

FEB

17

你希望哪位艺术家来为你画一幅肖像?

20

20

20

20

FEB

18

你此刻的穿戴中,最贵重的物品是什么?

20

20

20

20

FEB

19

被困时,如果可以向一个人发信息求救,你会发给谁?

20

20

20

20

FEB

20

你的MBTI（十六型人格测试）类型是什么？

20

20

20

20

FEB

21

如果忽略实际年龄，你觉得自己的心理年龄是几岁？

20

20

20

20

FEB

22

今天，你做事有拖延吗？

20

20

20

20

FEB

23

你会为了挚爱而改变自己的原则吗?

20

20

20

20

FEB

心有灵犀

24

你认为程度最浅的痛苦是什么?

20

20

20

20

FEB

25

你近期读到的最喜欢的诗是哪一首?

20

20

20

20

FEB

26

什么情况下你会说谎?

20

20

20

20

FEB

27

你对自己的外貌满意吗?

20

20

20

20

FEB

28

你最想拥有哪种才能?

20

20

20

20

FEB

29

如果可以与时间对话,你会问时间什么问题?

20

FEB

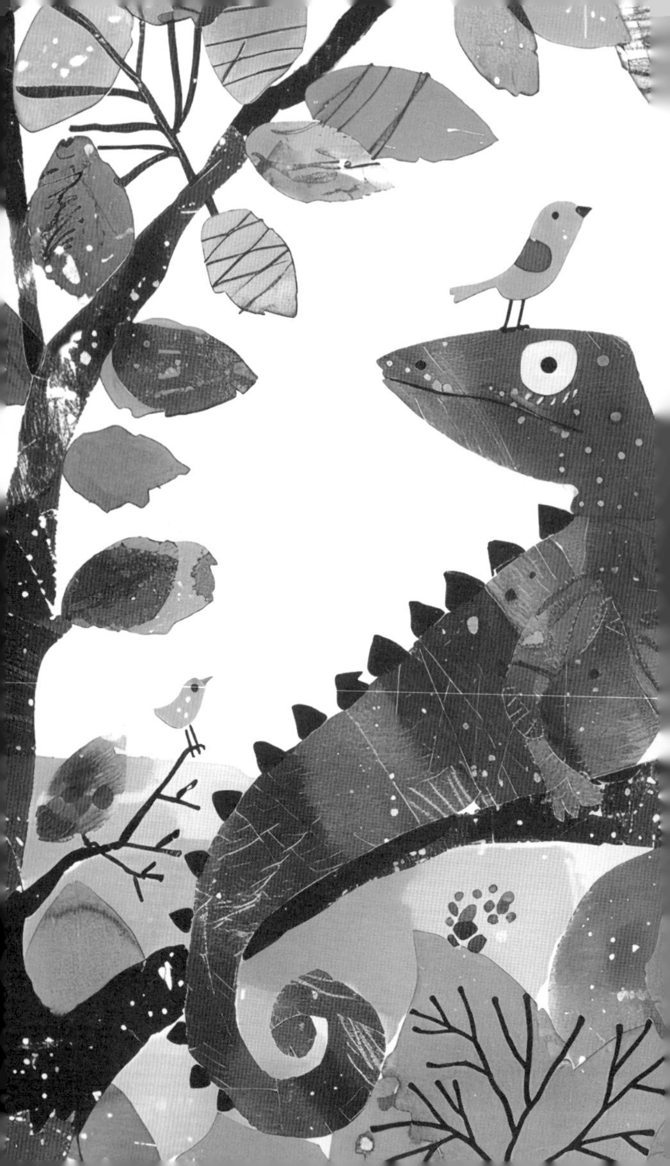

MAR

人应该了解自己,

而了解自己也是世界上最难的课题。

Me

1

写出你放入购物车最久的三个物品。

20

20

20

20

MAR

2

你最不喜欢别人问你什么问题?

20

20

20

20

MAR

3

如果有人能预知你的未来,你想让对方告诉你吗?

20

20

20

20

MAR

4

最近，你最希望得到谁的认可？

20

20

20

20

MAR

5

你认为什么是生活中的小确幸?

20

20

20

20

MAR

6

如果能控制天气，你会改变今天的天气吗？

20

20

20

20

MAR

心有灵犀

7

你会因为什么而过于执着于某些人或事?

20

20

20

20

MAR

8

此时此刻,你最想要的三种东西是什么?

20

20

20

20

MAR

9

对于接下来的一周，你有什么期待吗？

20

20

20

20

MAR

10

什么食物是你绝对不能忍受的?

20

20

20

20

MAR

11

你今天点外卖了吗?

20

20

20

20

MAR

12

你目前最喜欢的歌手是谁?

20

20

20

20

MAR

13

你今天看了什么有趣的视频吗?

20

20

20

20

MAR

14

过去一年中,你做过的最勇敢的事是什么?

20

20

20

20

MAR

心有灵犀

15

你希望自己如何被人记住?

20

20

20

20

MAR

16

写出你的一个口头禅。

20

20

20

20

MAR

17

你可以为自己的爱好花费多少钱?

20

20

20

20

MAR

18

你最近做了什么美梦或噩梦吗？

20

20

20

20

MAR

19

你认为地球上有外星人吗?

20

20

20

20

MAR

20

你会接受异地恋或者异国恋吗?

20

20

20

20

MAR

21

如果能和一个人互换人生,你会选择谁?

20

20

20

20

MAR

22

你认为谁可以称为英雄？

20

20

20

20

MAR

23

描述一下你手机相册中最新的一张照片。

20

20

20

20

MAR

24

你最近最喜欢做什么运动?

20

20

20

20

MAR

25

如果可以选择忘记，你想要忘记什么人或事？

20

20

20

20

MAR

心有灵犀

26

如果一定要结婚,你会选择你爱的人还是爱你的人?

20

20

20

20

MAR

27

最近你失眠过吗?

20

20

20

20

MAR

28

你最近最大的烦恼是什么?

20

20

20

20

MAR

29

你 最 近 常 喝 什 么 口 味 的 饮 品 ?

20

20

20

20

MAR

30

如果可以瞬间移动到任何地方,你会去哪里?

20

20

20

20

MAR

31

你现在的"愿望清单"上有什么?

20

20

20

20

MAR

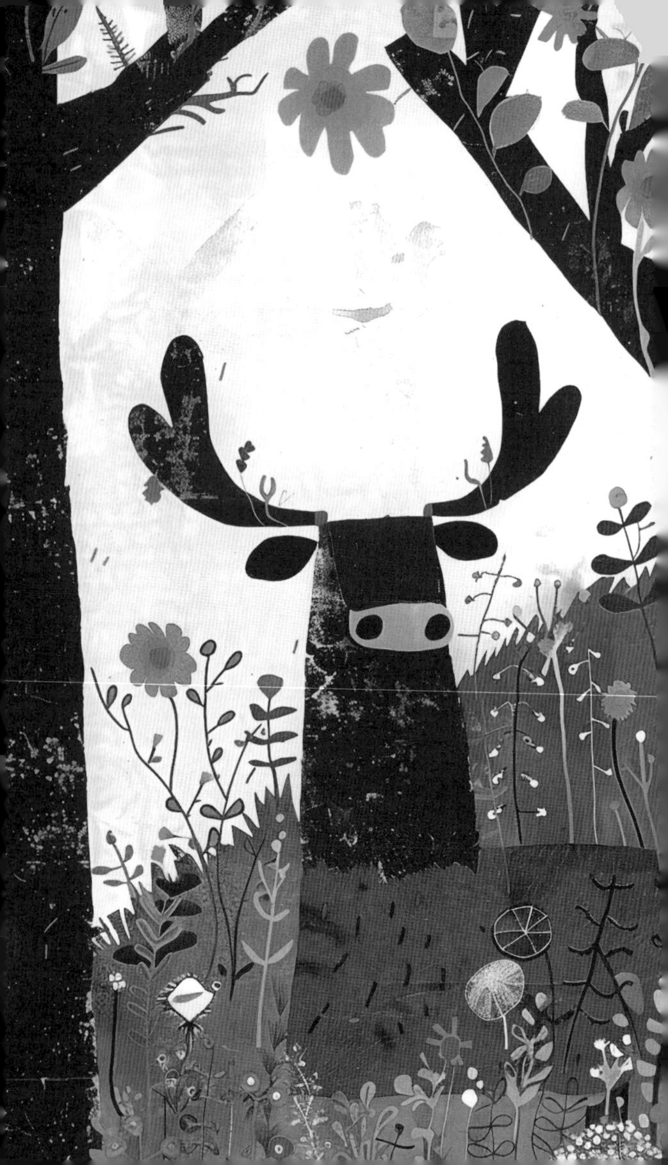

APR

你必须找到你自己,

否则你会迷失在别人的期待中。

1

生活中你最依赖谁?

20

20

20

20

APR

2

你最想对父母说的话是什么?

20

20

20

20

APR

3

如果可以给自己换个名字，你会换成什么名字？

20

20

20

20

APR

心有灵犀

4

你出于礼貌而说过哪些言不由衷的话?

20

20

20

20

APR

5

今天有什么人或事让你扫兴了吗?

20

20

20

20

APR

6

你觉得世界上最令人开心的职业是什么?

20

20

20

20

APR

7

写出你选择人生伴侣的三个重要标准。

20

20

20

20

APR

8

你近期是否有过情绪失控的时刻?

20

20

20

20

APR

9

最近有什么令你震惊的新闻吗?

20

20

20

20

APR

10

过去一周中,你最常听的音乐是哪一首?

20

20

20

20

APR

心有灵犀

11

你现在养宠物吗?

20

20

20

20

APR

12

你最近一次哭是因为什么?

20

20

20

20

APR

13

你认为哪位演员可以在一部关于你的电影中扮演你?

20

20

20

20

APR

14

最近你是否因为胆小而放弃了某个重要的机会?

20

20

20

20

APR

15

你是理想主义者还是现实主义者?

20

20

20

20

APR

16

你认为是什么造就了今天的你?

20

20

20

20

APR

17

现在，你觉得自己有没有掌控自己的生活？

20

20

20

20

APR

18

你会因为改变很难就放弃努力吗?

20

20

20

20

APR

心有灵犀

19

过去一周中,你最难忘的一次对话是关于什么的?

20

20

20

20

APR

20

你特别喜欢的食物组合是什么?

20

20

20

20

APR

21

旅行时,如果只能携带三个物品,你会带什么?

20

20

20

20

APR

22

如果必须变成一种植物，你会选择变成什么？

20

20

20

20

23

如果可以，你想拥有哪种超能力？

20

20

20

20

APR

24

你最近经常迟到吗?

20

20

20

20

APR

25

你最近追过什么BE(坏结局)的电视剧吗?

20

20

20

20

APR

心有灵犀

26

描述一下你此时所处之地（窗外）的景色。

20

20

20

20

APR

27

你最近最喜欢的演员是谁？

20

20

20

20

APR

28

你在社交媒体上最常使用的话题标签是什么?

20

20

20

20

APR

29

你认为诚实在生活中有多重要?

20

20

20

20

APR

30

你认为男性和女性在沟通方式上有何不同?

20

20

20

20

APR

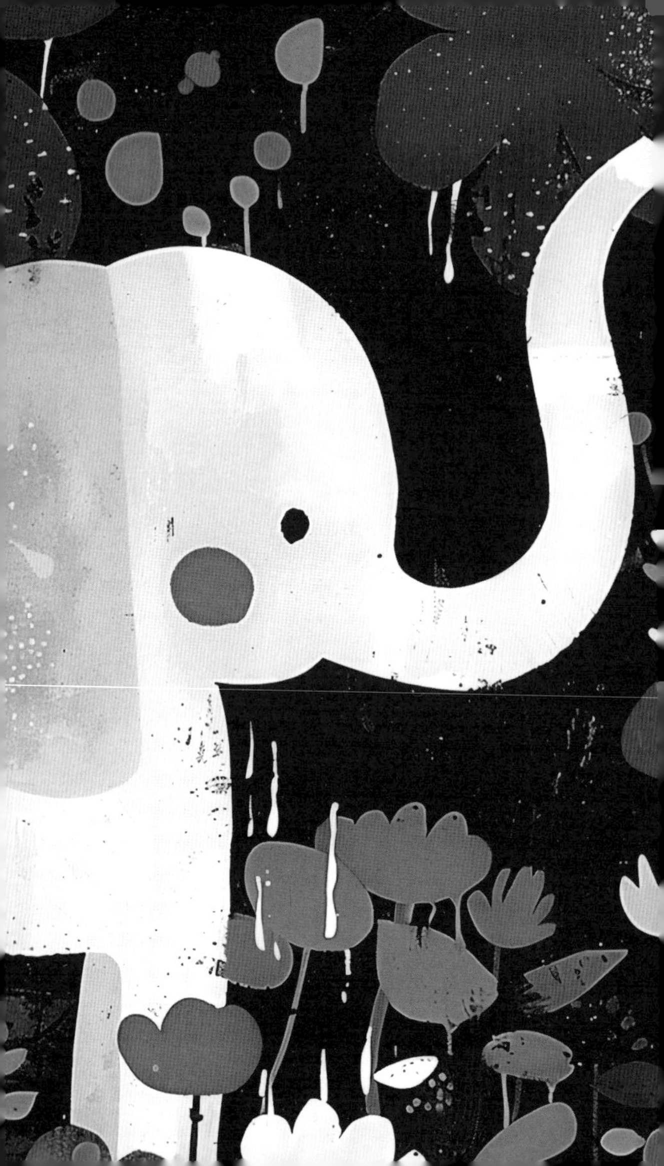

MAY

对自己的不满足,

是任何真正有天才的人的根本特征之一。

1

你最近一次赴约是因为什么?

20

20

20

20

MAY

2

你喜欢现在的自己吗?

20

20

20

20

MAY

3

你现在最亲密的朋友是谁?

20

20

20

20

MAY

4

你对未来的科技有何期待?

20

20

20

20

MAY

5

你有百吃不厌的食物吗?

20

20

20

20

MAY

# 6

你现在在哪个城市生活?

20

20

20

20

MAY

心有灵犀

7

写出三个你希望能来参加你的婚前单身派对的人。

20

20

20

20

MAY

8

你近期最感激的人是谁?

20

20

20

20

MAY

9

你最看重朋友的什么品质?

20

20

20

20

MAY

10

你每天花多长时间在社交媒体上?

20

20

20

20

MAY

11

最近你会为自己的健康担忧吗?

20

20

20

20

MAY

12

你最想去哪个国家工作或学习?

20

20

20

20

MAY

13

你最近喜欢在哪里读书或学习?

20

20

20

20

MAY

14

你最近最常听什么播客?

20

20

20

20

MAY

15

你认为怎样才算是真正的生活独立?

20

20

20

20

MAY

16

你认为自己和哪个历史人物最接近?

20

20

20

20

MAY

心有灵犀

17

你近期最喜欢的作家是谁?

20

20

20

20

MAY

18

你最近有说错话的时刻吗?

20

20

20

20

MAY

19

用一个词来形容你和妈妈之间的关系。

20

20

20

20

MAY

20

你认为人可以一辈子只爱一个人吗?

20

20

20

20

MAY

21

如果每天只工作半天,你会如何安排你的时间?

20

20

20

20

MAY

22

你认为一个人长大的标志是什么?

20

20

20

20

MAY

23

你最近一次吵架是因为什么事情?

20

20

20

20

MAY

24

你刚刚给谁发了信息或评论?

20

20

20

20

MAY

心有灵犀

25

你对自己最近的生活状态感到满意吗?

20

20

20

20

MAY

26

你认为人类的发明中最不可或缺的是哪一个?

20

20

20

20

MAY

27

你认为人最重要的生活技能是什么?

20

20

20

20

MAY

28

你和家人之间有距离感吗?

20

20

20

20

MAY

29

你是否相信命运?

20

20

20

20

MAY

30

如果可以和任何一位神灵共度一天，你会选择谁？

20

20

20

20

MAY

31

你认为人的五官中最重要的是哪一个?

20

20

20

20

MAY

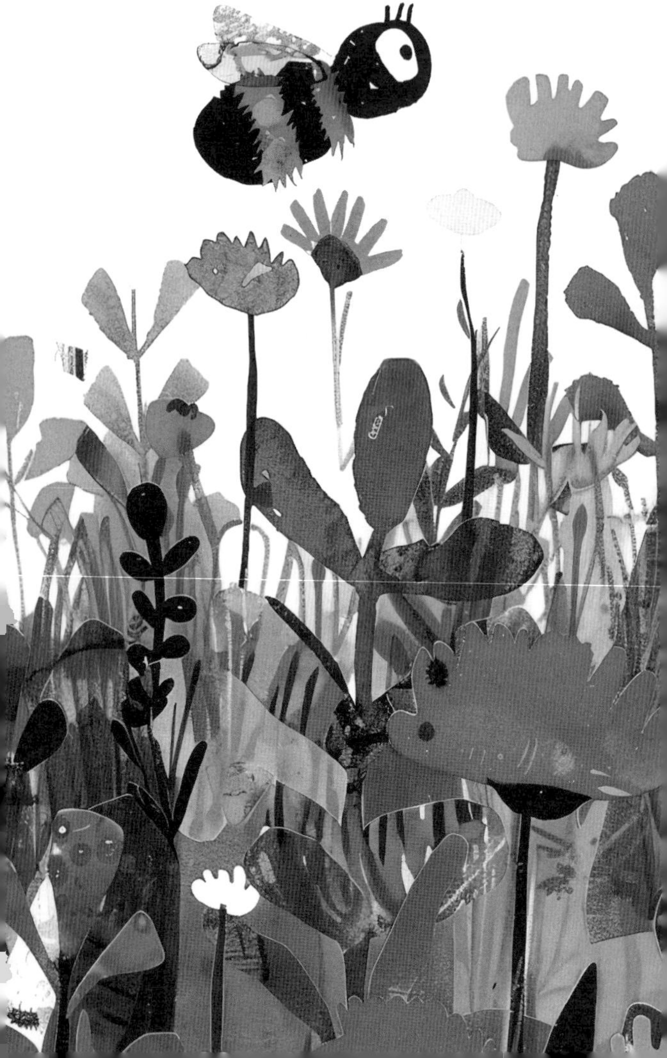

JUN

你的内心是你的宇宙,探索它,

你会发现无尽的奥秘。

1

你理想中的自己是什么样子的?

20

20

20

20

JUN

2

最近你吃过什么奇怪的食物吗?

20

20

20

20

JUN

3

你最痛恨自己的哪个性格特点?

20

20

20

20

JUN

心有灵犀

4

你最近在谈恋爱吗?

20

20

20

20

JUN

5

你最近遇到的人中，最有趣的是谁？

20

20

20

20

JUN

6

如果可以在宇宙中旅行，你想去哪里？

20

20

20

20

JUN

7

你会主动结识新朋友,还是等待他人来认识你?

20

20

20

20

JUN

8

假设一个小时后你会死去，这一个小时你会做什么？

20

20

20

20

JUN

9

你会为了虚荣而勉强自己做事吗?

20

20

20

20

JUN

心有灵犀

10

畅想一下一年后的自己。

20

20

20

20

JUN

11

你认为最重要的家庭价值观是什么?

20

20

20

20

JUN

12

你把工作称为事业还是职业?

20

20

20

20

JUN

13

你最难忘的一次冒险是什么?

20

20

20

20

JUN

14

你认为AI对人类有威胁吗?

20

20

20

20

JUN

15

你认为人一定要有一间自己的房间吗?

20

20

20

20

JUN

16

写出一个只有你自己知道的秘密。

20

20

20

20

JUN

心有灵犀

17

写出最近令你担心的三件事。

20

20

20

20

JUN

18

你有过哪些未实现的梦想?

20

20

20

20

JUN

19

以"我是谁"为开头,写一首三行诗。

20

20

20

20

JUN

20

如果你中了1000万元,你会怎么花?

20

20

20

20

JUN

21

你总是因为性格中的什么特点而陷入麻烦?

20

20

20

20

JUN

22

最近有什么让你觉得特别尴尬的时刻吗？

20

20

20

20

JUN

23

你过去一个月中读了哪些书?

20

20

20

20

JUN

24

你相信第六感吗?

20

20

20

20

JUN

心有灵犀

25

如果人生是一种闯关游戏,你觉得它的最终关卡是什么?

20

20

20

20

JUN

26

你这一周有没有买到什么心仪的东西?

20

20

20

20

JUN

27

你最近在减肥吗?

20

20

20

20

JUN

28

你有什么想做却没做的事情吗?

20

20

20

20

JUN

29

你最近去看了什么展览?

20

20

20

20

JUN

30

你最想克服的恐惧是什么?

20

20

20

20

JUN

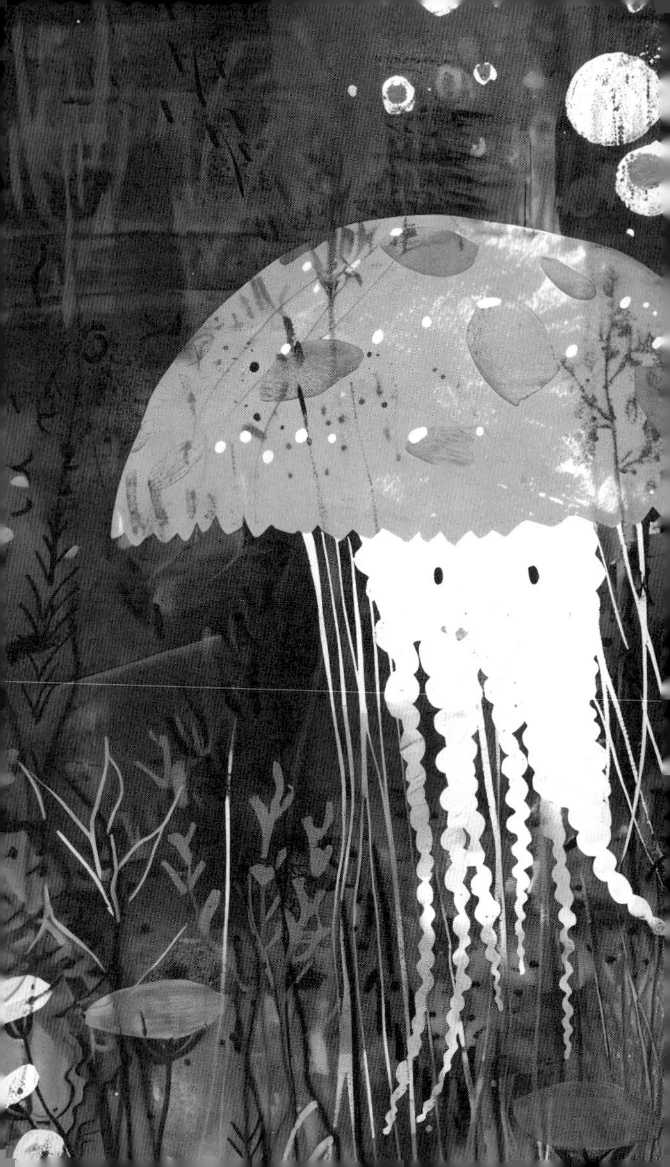

JUL

在你内心的深处,

有一个比你更聪明的自己。

1

你是理性的人还是感性的人?

20

20

20

20

JUL

2

目前,你认为你真的了解自己吗?

20

20

20

20

JUL

3

如果有转世,你希望自己成为什么人或物?

20

20

20

20

JUL

4

你对长辈们所给的建议或劝告有何反应?

20

20

20

20

JUL

5

你觉得自己是一个过于敏感的人吗?

20

20

20

20

JUL

心有灵犀

6

如果可以控制时间，你会做什么？

20

20

20

20

JUL

7

你是否有过独自旅行的经历?

20

20

20

20

JUL

8

写出三个你最近痴迷的事物。

20

20

20

20

JUL

9

你最近有超前消费吗?

20

20

20

20

JUL

10

你认为最重要的人生信条是什么?

20

20

20

20

JUL

11

你喜欢自己现在从事的职业吗?

20

20

20

20

JUL

12

你今天的情绪状态是怎样的?

20

20

20

20

JUL

13

你近期最想重温的时刻是什么?

20

20

20

20

JUL

14

你有过心理咨询或治疗的经历吗?

20

20

20

20

JUL

15

你喜欢早起还是晚睡?

20

20

20

20

JUL

心有灵犀

16

如果时间倒流,你最想回到哪个瞬间?

20

20

20

20

JUL

17

你打电话前会先想好要说的话吗?

20

20

20

20

JUL

18

你最近做过什么愚蠢的事情吗?

20

20

20

20

JUL

19

什么样的人能让你开心?

20

20

20

20

JUL

20

你最近一次和父母聊天是在什么时候？

20

20

20

20

JUL

21

写出一个你不想却又不得不承认的事实。

20

20

20

20

JUL

22

你最近对什么人或事有厌倦之感?

20

20

20

20

JUL

23

你最讨厌什么样的异性?

20

20

20

20

JUL

24

你最喜欢家里的哪个地方?

20

20

20

20

JUL

25

写出一个你可以无话不谈的人。

20

20

20

20

JUL

心有灵犀

26

翻开任意一本书,写下你看到的第一句话。

20

20

20

20

JUL

27

你最近最大的一笔花销是多少?

20

20

20

20

JUL

28

你近期反复观看的影视作品是什么?

20

20

20

20

JUL

29

你认为性别对个人的职业选择有何影响?

20

20

20

20

JUL

30

你近期有什么不良习惯或成瘾行为吗?

20

20

20

20

JUL

31

你会因为什么而感到自卑?

20

20

20

20

JUL

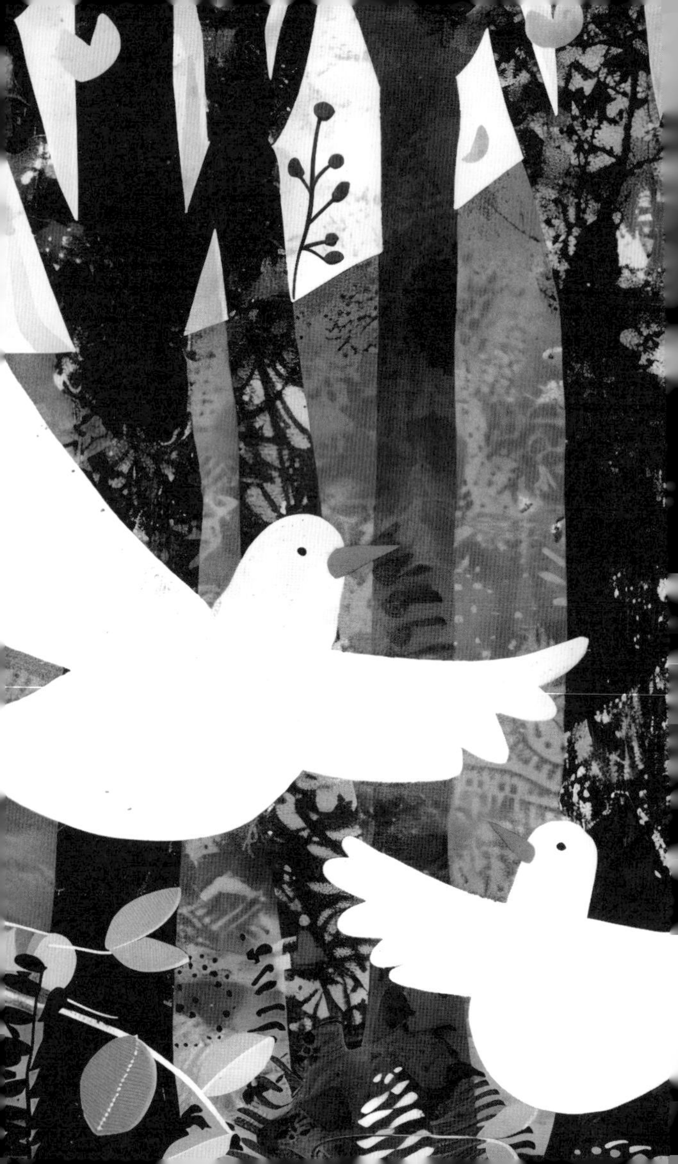

AUG

一个人在面对自己时,

才是真正孤独的。

1

你认为自己最大的优势是什么?

20

20

20

20

AUG

2

你如何看待自己的过去?

20

20

20

20

AUG

3

用三个词描述你现在所在的地方。

20

20

20

20

AUG

4

写下你喜欢今天的一个理由。

20

20

20

20

AUG

5

你最近有过酩酊大醉的时刻吗?

20

20

20

20

AUG

6

你希望自己在年老时变成什么样子?

20

20

20

20

AUG

7

你认为再过100年,这个世界会变得更好吗?

20

20

20

20

AUG

心有灵犀

8

和过去相比，你的相貌有什么变化？

20

20

20

20

AUG

9

最近你讲过什么人的坏话吗?

20

20

20

20

AUG

10

明天你有什么重要安排吗?

20

20

20

20

AUG

11

写出一件你的童年趣事。

20

20

20

20

AUG

12

你认为苦难有意义吗?

20

20

20

20

AUG

13

如果不考虑收入，你会选择什么职业？

20

20

20

20

AUG

14

你觉得男性和女性在情感表达上有何不同?

20

20

20

20

AUG

15

你希望他人直率地说出他们对你的真实看法吗?

20

20

20

20

AUG

16

如果可以穿越到未来,你想去什么年代?

20

20

20

20

AUG

心有灵犀

17

你认为家是什么？

20

20

20

20

AUG

18

生活中你有假想敌吗?

20

20

20

20

AUG

19

你 上 一 次 参 加 婚 礼 是 在 什 么 时 候 ?

20

20

20

20

AUG

20

你最近发现了什么有趣的APP吗?

20

20

20

20

AUG

21

你最近最关注什么事情?

20

20

20

20

AUG

22

你如何应对生活中的不确定性？

20

20

20

20

AUG

23

你出门前一定会化妆吗?

20

20

20

20

AUG

24

你最近常穿什么牌子的服饰?

20

20

20

20

AUG

心有灵犀

25

最近你在入睡前会想些什么?

20

20

20

20

AUG

26

你会给一年前的自己提出什么建议?

20

20

20

20

AUG

27

最近你是否因自己的容貌而感到烦恼?

20

20

20

20

AUG

28

今天，你从生活中学到了什么？

20

20

20

20

AUG

29

你近期遇到的最大挑战是什么?

20

20

20

20

AUG

30

什么事情会让你觉得自己只是一个普通人?

20

20

20

20

AUG

31

你觉得什么是人生的终极目标?

20

20

20

20

AUG

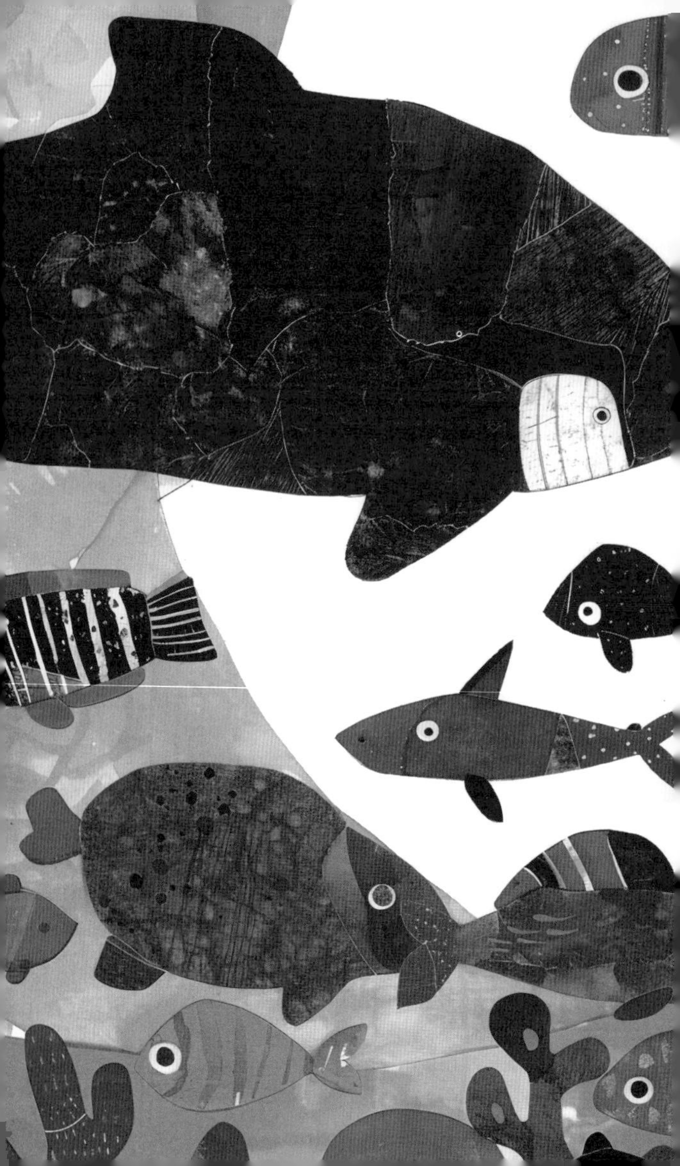

SEP

每个人都在思考如何改变世界,

但没有人思考如何改变自己。

1

你相信一见钟情吗?

20

20

20

20

SEP

2

你今天吃了什么美食？

20

20

20

20

SEP

3

如果你是一名记者,你最想采访谁?

20

20

20

20

SEP

4

你最近做的最有成就感的一件事是什么?

20

20

20

20

SEP

心有灵犀

5

写出你现在使用的网络昵称。

20

20

20

20

SEP

6

写出三个你最近很喜欢的影视或动漫角色。

20

20

20

20

SEP

7

你认为在过去一年中自己最大的退步是什么?

20

20

20

20

SEP

8

如果可以与一位历史人物共进晚餐,你会选择谁?

20

20

20

20

SEP

9

你最近看了什么有趣的综艺节目?

20

20

20

20

SEP

心有灵犀

10

你最近的"人设"是怎样的?

20

20

20

20

SEP

11

如果可以用电脑操控大脑,你愿意尝试吗?

20

20

20

20

12

为了成功你愿意付出什么?

20

20

20

20

SEP

13

你认为金钱能买来幸福吗?

20

20

20

20

SEP

14

你最讨厌别人让你做什么?

20

20

20

20

SEP

15

最近有什么事情让你感到困扰吗?

20

20

20

20

SEP

16

过去一个月中,你最常去的地方是哪里?

20

20

20

20

SEP

17

你现阶段最珍视的关系是什么?

20

20

20

20

SEP

心有灵犀

18

你昨天睡了几个小时?

20

20

20

20

SEP

19

写下最近让你感动的一件事情。

20

20

20

20

SEP

20

你今天在什么事情上花费的时间最多?

20

20

20

20

SEP

21

你如何看待男性和女性在选择上的差异?

20

20

20

20

22

写出一件你和异性发生过的暧昧的事。

20

20

20

20

SEP

23

你上一次说谎是在什么时候？

20

20

20

20

SEP

24

你最近喜欢什么颜色？

20

20

20

20

SEP

25

如果可以用魔法帮助或伤害他人,你会这么做吗?

20

20

20

20

心有灵犀

26

你最近学到了什么新技能吗?

20

20

20

20

SEP

27

你最珍贵的"财产"是什么?

20

20

20

20

SEP

28

你喜欢的异性有什么共同特点?

20

20

20

20

SEP

29

如果可以和任何一位虚构的人物一起冒险,你会选择谁?

20

20

20

20

SEP

30

你现在感到幸福吗？为什么？

20

20

20

20

SEP

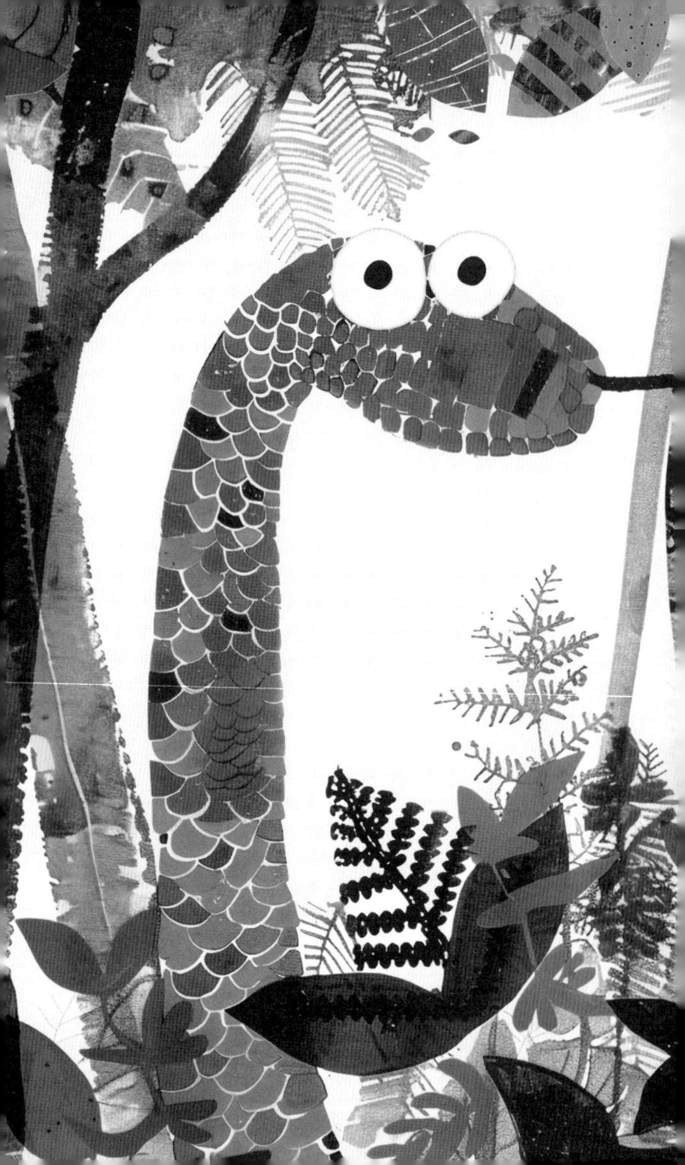

OCT

这辈子,遇上谁并不重要,重要的是,

你是谁。

ME

1

你这个月的收入是多少?

20

20

20

20

OCT

2

用四个字形容你今天的心情。

20

20

20

20

OCT

3

你认为大家初见你时会对你有什么印象?

20

20

20

20

OCT

4

你最近最喜欢什么类型的食物?

20

20

20

20

OCT

心有灵犀

5

如果可以做时间旅人，你会去哪里？

20

20

20

20

OCT

6

写下今天的特别之处。

20

20

20

20

OCT

7

如果可以读心,你会选择读谁的心?

20

20

20

20

OCT

8

你认为你的收入和工作是匹配的吗?

20

20

20

20

OCT

9

你觉得人生的使命是什么？

20

20

20

20

OCT

10

你愿意住的离父母近还是远？

20

20

20

20

OCT

11

你最近在通勤路上常做什么事情?

20

20

20

20

OCT

12

你最近与家人的关系是否和谐?

20

20

20

20

OCT

13

你想做一个瘫痪的富豪还是健康的贫民?

20

20

20

20

OCT

14

除了金钱,你现在最缺什么?

20

20

20

20

OCT

心有灵犀

15

你最近有没有新的爱好或兴趣?

20

20

20

20

OCT

16

你觉得工作或学习的最大乐趣是什么?

20

20

20

20

OCT

17

你觉得金钱买不到什么?

20

20

20

20

OCT

18

你最近做过什么粗心的事情吗?

20

20

20

20

OCT

19

如果进入一所魔法学院，你最想学什么魔法？

20

20

20

20

OCT

20

你最近有遇到给你启发的人或事吗?

20

20

20

20

OCT

21

你一天中最喜欢的时间是几点?

20

20

20

20

OCT

22

你认为自己最大的弱点是什么?

20

20

20

20

OCT

23

描述一下你最不想成为的那种人。

20

20

20

20

OCT

心有灵犀

24

你有什么信仰吗?

20

20

20

20

OCT

25

用一句话形容你的现状。

20

20

20

20

OCT

26

你在努力扩展社交圈吗?

20

20

20

20

OCT

27

你不可能违背的人生原则是什么?

20

20

20

20

OCT

28

你认为男性和女性在爱情关系中有何不同?

20

20

20

20

OCT

29

你喜欢什么样的工作环境?

20

20

20

20

OCT

30

你认为如何分手才算体面?

20

20

20

20

OCT

31

相比于逻辑,你更相信直觉吗?

20

20

20

20

OCT

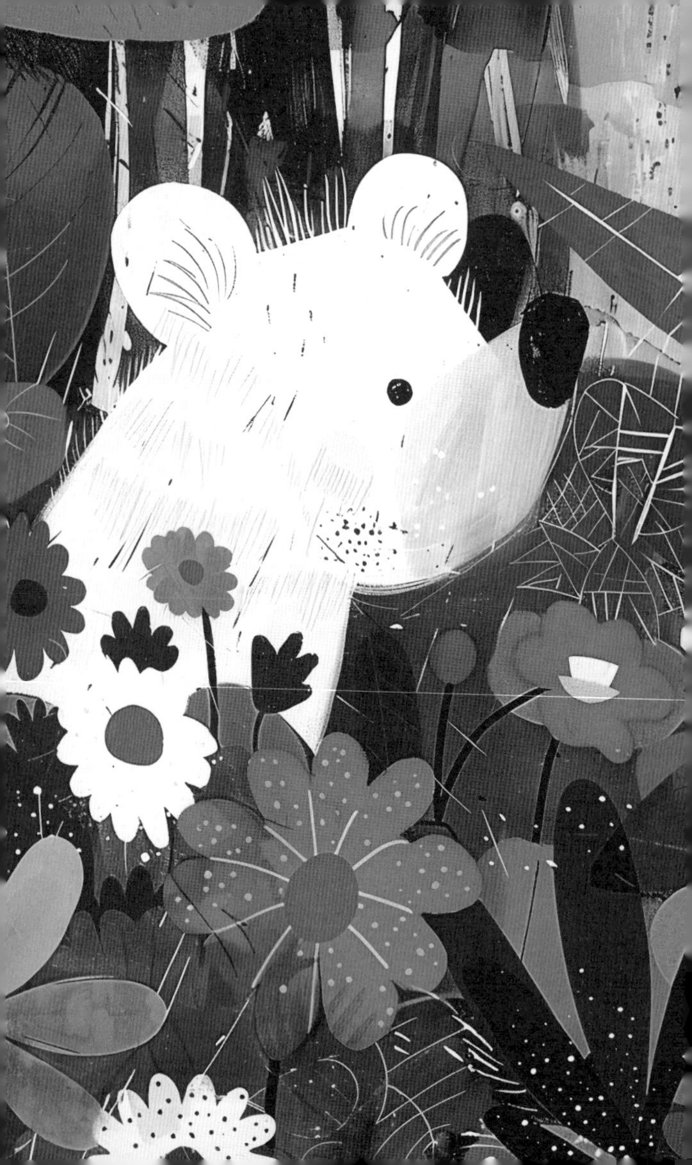

NOV

真正的发现之旅不在于寻找新的景观,

而在于拥有新的眼睛。

1

你最近有求助过他人吗?

20

20

20

20

NOV

2

你近期听过的最虚伪的话是什么?

20

20

20

20

NOV

心有灵犀

3

你今天有没有忘记做什么事情?

20

20

20

20

NOV

4

如果能隐身，你想做什么？

20

20

20

20

NOV

5

你喜欢做聆听者还是话题引领者?

20

20

20

20

NOV

6

你今天有听到什么好消息吗?

20

20

20

20

NOV

7

现在,你的冰箱里有什么?

20

20

20

20

NOV

8

你会接受没有面包的爱情吗?

20

20

20

20

NOV

9

你和今天最后跟你聊天的那个人是如何相识的?

20

20

20

20

NOV

心有灵犀

10

今天早上起来，你做的第一件事情是什么？

20

20

20

20

NOV

11

如果能和任何一位名人共进晚餐,你会选择谁?

20

20

20

20

NOV

12

最近你最希望得到哪方面的支持?

20

20

20

20

NOV

13

截至目前，你最大的遗憾是什么？

20

20

20

20

NOV

14

你现在和谁一起生活?

20

20

20

20

NOV

15

如果可以选择,你选择时间还是金钱?

20

20

20

20

NOV

心有灵犀

16

你现在追星吗?

20

20

20

20

NOV

17

如果可以给任何年纪的自己打电话，你会选择几岁的自己？

20

20

20

20

NOV

18

你今天摸鱼了吗?

20

20

20

20

NOV

19

吐槽一部你最近看过的烂片。

20

20

20

20

NOV

20

你最近最喜欢的香水是什么气味的?

20

20

20

20

NOV

21

你认为哪部文学作品是被过高评价的?

20

20

20

20

NOV

22

你如何看待同学或同事之间的竞争?

20

20

20

20

NOV

23

你认为人的哪个年龄段是最美好的?

20

20

20

20

NOV

24

房屋着火,里面有一只猫和一幅名画,
如果只能救一个,你会救哪个?

20

20

20

20

NOV

心有灵犀

25

写出一件目前让你纠结的事情。

20

20

20

20

NOV

26

你可以忍受多久没有网络？

20

20

20

20

NOV

27

写出你在过去的一年里做过的最疯狂的事情。

20

20

20

20

NOV

28

你认为人的前半生和后半生的分界线是在什么年纪?

20

20

20

20

NOV

29

你喜欢谈判和说服他人吗?

20

20

20

20

NOV

30

你认为哭泣是软弱还是坚强的表现?

20

20

20

20

NOV

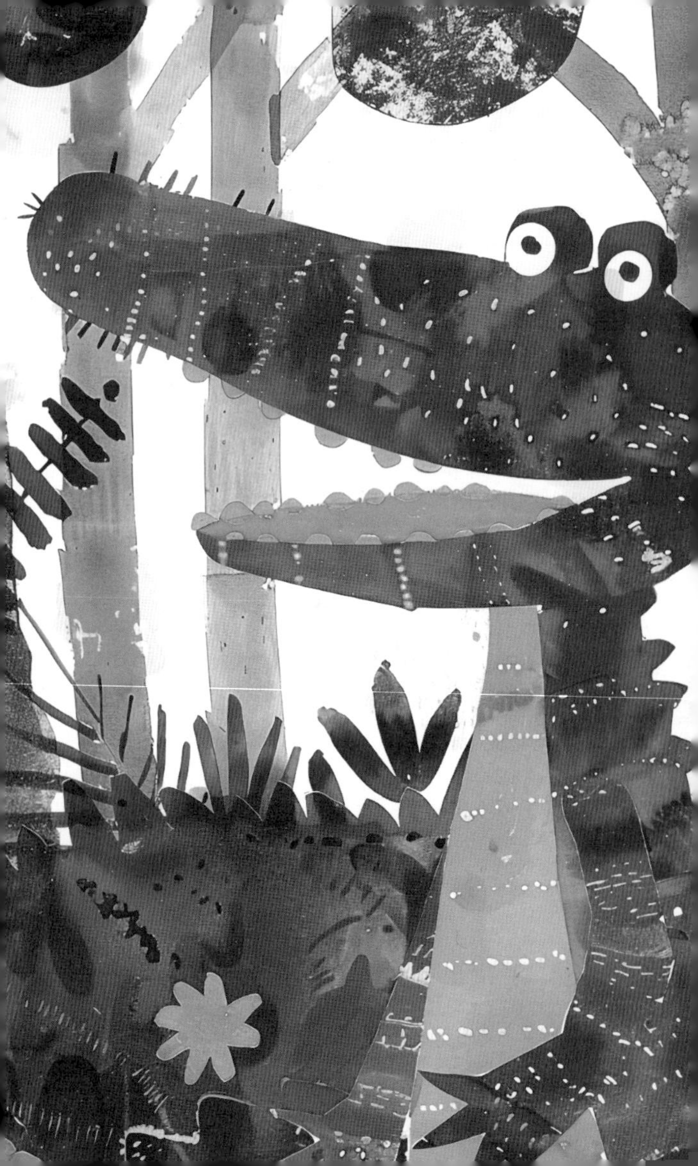

DEC

成为你自己,

这个世界上没有人能比你更擅长做你自己。

1

如果你会飞,你最想飞到哪里?

20

20

20

20

DEC

2

人为什么要努力?

20

20

20

20

DEC

3

你目前最想学习的领域是什么?

20

20

20

20

DEC

心有灵犀

4

你最近常播放的三首歌曲是哪三首?

20

20

20

20

DEC

5

你会因为什么与朋友绝交？

20

20

20

20

DEC

6

什么事会让你情绪爆发?

20

20

20

20

DEC

7

你今年年初的计划中，还有未完成的计划吗？

20

20

20

20

DEC

8

如果能复活一位逝去的人,你会选择谁?

20

20

20

20

DEC

9

最近你觉得时间够用吗?

20

20

20

20

DEC

心有灵犀

10

用一个词来形容你和爸爸之间的关系。

20

20

20

20

DEC

11

你近期最常光顾哪个餐厅?

20

20

20

20

12

你最害怕面对的真相是什么？

20

20

20

20

DEC

13

如果能和未来的自己对话,你最想问自己什么问题?

20

20

20

20

DEC

14

你上一次 "放过" 自己是在什么时候?

20

20

20

20

DEC

15

你的生活或工作的压力源是什么?

20

20

20

20

DEC

16

如果可以改变任何一条自然法则，你会改变什么？

20

20

20

20

DEC

17

写出人们误解你的一件事情。

20

20

20

20

DEC

心有灵犀

18

你今天解决了什么麻烦?

20

20

20

20

DEC

19

你最近收到的最喜欢和最不喜欢的礼物分别是什么?

20

20

20

20

DEC

20

在过去一年中，你为实现梦想做了哪些努力？

20

20

20

20

DEC

21

你最近比较关心的国际大事是什么?

20

20

20

20

DEC

22

职场中,你会坚持自己的原则吗?

20

20

20

20

DEC

23

为自己的健康打个分。

20

20

20

20

DEC

24

一周中你最喜欢哪一天？

20

20

20

20

DEC

25

高考700分和买彩票中700万元,你选择哪一个?

20

20

20

20

DEC

26

写出一件你不喜欢却擅长做的事情。

20

20

20

20

DEC

心有灵犀

27

你现在有婚育压力吗?

20

20

20

20

DEC

28

写一句话送给明年的自己。

20

20

20

20

DEC

29

拼命工作真的能让你成功吗?

20

20

20

20

DEC

30

你最近做过的最艰难的选择是什么?

20

20

20

20

DEC

31

用一个词总结今年的你。

20

20

20

20

DEC

20__年
年度关键词

我的这一年

20　　年

年度清单

最幸福的一天	最难过的一天	最成功的一天
最遗憾的一天	最疯狂的一天	最疲惫的一天
最惊喜的一天	最愤怒的一天	最惊险的一天
最难熬的一天	最感动的一天	最孤独的一天
最浪漫的一天	最特别的一天	最失望的一天

20__年
年度关键词

我的这一年

20____年
年度清单

最幸福的一天	最难过的一天	最成功的一天
最遗憾的一天	最疯狂的一天	最疲惫的一天
最惊喜的一天	最愤怒的一天	最惊险的一天
最难熬的一天	最感动的一天	最孤独的一天
最浪漫的一天	最特别的一天	最失望的一天

20＿＿年
年度关键词

我的这一年

20＿＿年
年度清单

最幸福的一天	最难过的一天	最成功的一天
最遗憾的一天	最疯狂的一天	最疲惫的一天
最惊喜的一天	最愤怒的一天	最惊险的一天
最难熬的一天	最感动的一天	最孤独的一天
最浪漫的一天	最特别的一天	最失望的一天

20 _ 年
年度关键词

我的这一年

20____年

年度清单

| 最幸福的一天 | 最难过的一天 | 最成功的一天 |

| 最遗憾的一天 | 最疯狂的一天 | 最疲惫的一天 |

| 最惊喜的一天 | 最愤怒的一天 | 最惊险的一天 |

| 最难熬的一天 | 最感动的一天 | 最孤独的一天 |

| 最浪漫的一天 | 最特别的一天 | 最失望的一天 |

写给未来的自己的一封信

20 __ 年

时光胶囊

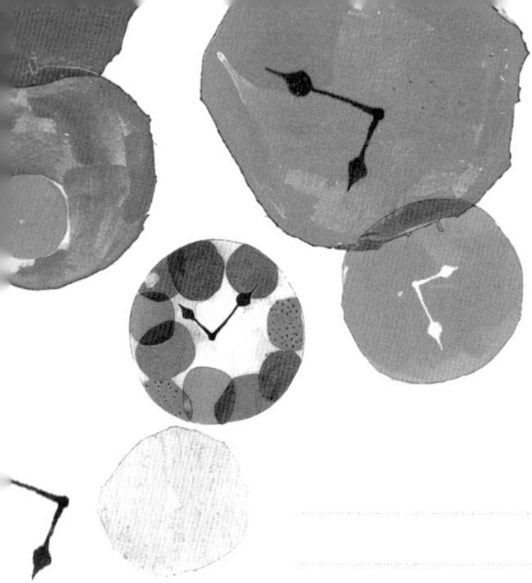

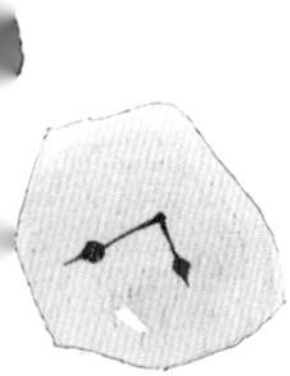

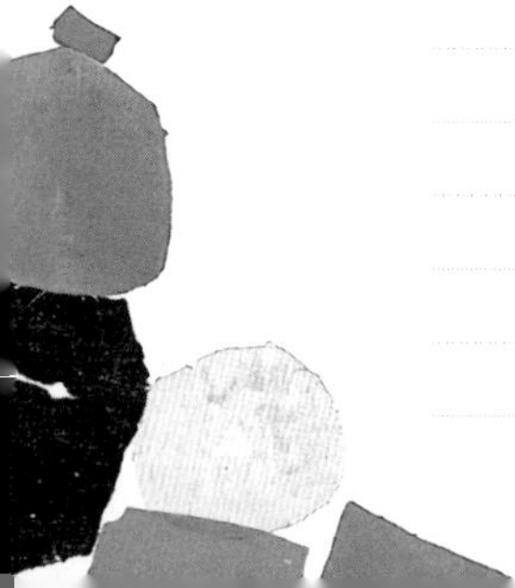

给未来的自己的一封信

20 __ 年

时光胶囊

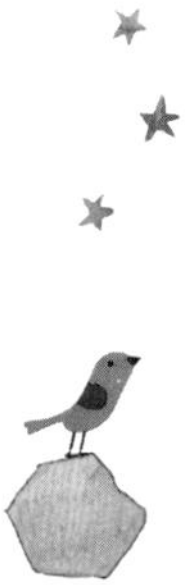